让你惊心动魄的灾难

纸上魔方◎编著

U0212819

重庆出版集团 重庆出版社

目 录
contents

芝加哥位于美国伊利诺伊州，是美国西部最大的城市，这里的人口将近三百万，是仅次于纽约和洛杉矶的第三大都会区。这里发生过一场让人不知所措的火灾，让芝加哥差点变成废墟！下面我们就一起去了解一下这场大火吧！

毁灭芝加哥的大火

1871年10月8日傍晚，位于芝加哥东北的一幢房子突然火光冲天，本来熙熙攘攘、热闹非凡的大街一下子陷入了混乱中。

消防队接到报警电话正要出发的时候，又一个火警电话响起来，在距离那个起火点几千米外的圣·巴维尔教堂也着火了。之后，报警的电话一个接一个地响起，整个芝加哥城几乎到处都着火了，消防队不知所措。

众多着火点使得"风城"之称的芝加哥一发不可收拾，芝加哥城陷入一片火海中，火蛇不断吞没着更多的房屋。人们都惊慌失措，纷纷从屋子里跑出来，也不知道该去哪里躲避，许多人骑着马逃往郊外。马看见火惊恐万分，受惊的马一路上不知道踩死了多少人！

大火一直烧了一夜，往日繁荣的都市变成了一片废墟，大约17000幢房屋被烧毁，12万人无家可归。街道上被烧死、踩死的尸体更是横七竖八地堆放着，事后还在城外发现了几百具尸体，现场惨不忍睹！

母牛碰倒了油灯？

之后，一家报纸报道了这场火灾发生的原因：一头母牛把油灯撞翻了，油灯点燃了牛棚，之后火势一路蔓延到了全城。

对这样的解释，当时的芝加哥市民都接受了，但是指挥现场救火的消防队长却产生了怀疑：一个小小的牛棚着火，怎么会在那么短的时间内蔓延到整个城市呢？

很多经历过当时情景的人们说，整个天空仿佛都着了火，炽热的石头从天而降，雨点一样砸下来，让人根本无处藏身。

除芝加哥外，附近州的一些森林、草原也都着了火，而且人们还在一条小河里发现了熔成一块的金属船架，而它的周围并没有建筑物。像这类的发现越来越多，有人甚至发现城内一尊大理石石像也被火熔掉了。亲历现场的人们证实，着火的屋子像生日蜡烛一样，是一个一个被点燃的，并不是相连的。

所以，牛棚起火造成全城大火的解释是不

可信的，人们对此也越来越怀疑，越来越恐惧！

是谁点燃了芝加哥？

　　美国学者维·切姆别林研究了许多档案后做出了判断，这场空前的大火可能是由于流星雨引起的。

　　当彗星穿过地球的轨道时，有可能在地球轨道上留下一些彗星碎片。当地球在轨道上运行时，这些碎片就会与大气摩擦起火，拖着明亮的弧线向地面冲来，形成流星雨。

　　1826年，捷克天文学家维·比拉发现了一颗彗星，人们把它叫做"比拉彗星"。但是在1846年比拉彗星擦过地球时，科学家发现这颗彗星的彗核已经分裂成两半。在1852年，分裂成两半的彗核彼此相距240万千米，不久，它们就全部失踪了。

　　1871年，这个彗星的彗核擦过地球，分裂成的两个彗核正好在美国芝加哥的上空交汇，于是形成了流星雨。一般情况下，流星在空中就被自身与空气摩擦燃

　　起的火烧尽了，即使落到地面也是一个石头的样子。

　　这些彗核的碎片是燃烧着落到地面上的，引起了芝加哥大火。还有一些碎片落到芝加哥附近，引起森林、草原同时着火。这些碎片的温度很高，造成金属和石像被烧毁也是很自然的事！

　　当天，芝加哥城郊并没有起火，而流星雨坠落时散发出的大量致命的一氧化碳和氰化物又造成了几百人的死亡。它们污染了郊外的空气，使得逃到郊外的人中毒身亡。

　　由此可见，这场空前的火灾就是人们所说的"天火"。

未解开的谜团

　　为什么流星雨点燃了芝加哥城后，人们却没有在城中找到一块陨石呢？流星雨我们并不陌生，几乎每年都会发生，为什么从来没有引起过大火？而且每次爆发流星雨的时候都没有人中毒？

　　太多太多的疑问被一个个提了出来，同时也出现了对这场火灾的不同解释。但是每一个新的解释都会被别人提出的问题所包围，看来这场大火的起因只有等科学进步后才能解开吧！

陨石是什么？

人们都说，陨石是流星的孩子。一些星体碎块不在它原来的轨道上运行，而跑到了其他星球的轨道上，比如说地球的轨道上。它们就会冲进大气层，和大气层摩擦起火，这就是流星。

大部分的流星在天空中都被烧尽了，可是还有一些没有烧完就落到了地面上，人们管它叫陨石，也叫陨星。它们一般是石质、铁质或者石铁混合的，地球上的陨石大多数来自小行星带，也有一小部分来自月球和火星。

猜猜看

　　水火无情，火灾往往比水灾更让人害怕。它来势凶猛，而且几乎万军难挡，瞬间把人们眼前的一切毁灭。现在人们也许还记得在英国伦敦地铁发生的那一次大火灾，是世界地铁系统中发生的第一次火灾，现在回想起来还像是一场恶梦。小朋友们了解这次火灾吗？下面让我们去面对那个惨痛的教训吧！

火灾发生的瞬间

　　火灾发生在1986年，英国伦敦的地铁枢纽站——国王十字站。这是一个古老的车站，已有长达120多年的历史，每天客流量在30万人以上，它连接着通往英国东北部、苏格兰和约克郡的5条地铁线。

　　11月18日傍晚，正是人们下班回家的高峰期，一般这个时候是地铁客流量最多、最繁忙的时刻。但是行色匆匆的人们并不知道，一个巨大的危险正向他们一步步靠近！

　　忽然，自动扶梯下面的一个机房燃起了大火，这个自动扶梯是木质的，在机房起火之后，它迅速地燃烧起来，火势开始蔓延开来。

　　地铁站里的人们被烟雾呛得不断地咳嗽，难以呼吸。但是

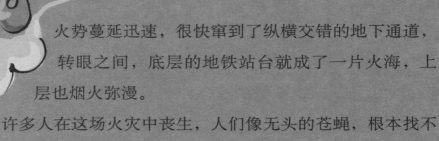

火势蔓延迅速，很快窜到了纵横交错的地下通道，转眼之间，底层的地铁站台就成了一片火海，上层也烟火弥漫。

许多人在这场火灾中丧生，人们像无头的苍蝇，根本找不到哪儿是出口。火灾之后，人们都不敢去看地铁站里面的惨状。

恐怖活动还是烟头？

事后，人们对火灾的原因进行了调查，但是没有得到什么价值的线索，只是有两个不同的说法值得人们深思。有人说当时地铁公司曾经接到过一个恐怖电话，打电话的人自称是南非特工，他声称要在地铁里纵火，但是地铁工作人员并没有太在意，也没有上报。

　　还有些人说，伦敦地铁在此次火灾前没有实行全面禁烟措施，有可能机房的工作人员在里面吸烟，结果一个被丢弃的烟头点燃了堆满易燃品的机房，引起地铁大火。

火灾发生后的连锁反应

　　英国当地政府并没有对火灾发生的原因做出一个合理的解释，这引起民众的强烈反感。伦敦地铁本来一直被称为世界上最安全的地铁，除发生过一次车祸外，一百多年来没有出过任何事故，是世界各国地铁中的"安全标兵"，这场造成巨大损失的火灾无疑显得很意外。

此后，伦敦地铁发布了全面禁烟令，禁止包括乘客在内的一切人员在地铁站吸烟，甚至禁止张贴香烟海报！

英国政府更是乱成了一锅粥，反对党与保守党开展了一场有关国家财政的大交战，把失火的原因归罪于政府长年削减地铁的财政开支而造成了机房、自动扶梯等设施年久失修，以及人员管理不善。

总之，火灾无情地发生了，火灾带给人们的恐惧还在继续，值得深思的地方还有很多。

地铁起火怎么自救？

1.及时报警。如果车厢起火，要迅速高喊或者拉响报警器报警。在两节车厢连接处都贴有红底黄字的"报警开关"标志。

2.如果有水源的话，可以将毛巾或者衣物打湿，捂住口鼻。

3.小朋友们不要参与救火，应该先保护自己，身子趴在地面，听从指挥，有顺序地往外逃生。如果火灾引起停电，则可按照应急灯的指示标志进行有序逃生，注意要朝背离火源的方向逃跑。

猜猜看

地球不是一个空心体，也不是一个实心的球体。它的内部是呈液态的滚烫的地岩浆。小朋友不要害怕，地岩浆在很深很深的地下，不会随便出来伤害我们。但是美国西部落基山地带的黄石公园就不一样了，地质学家认为它的下面埋着一个"定时炸弹"，一旦引爆，其强度就像一颗小行星撞到了地球上一样。

黄石公园的"定时炸弹"

地下的定时炸弹

黄石公园是世界上最原始、最古老的国家公园。它位于海拔2134～2438米的高原上，是历史最悠久的自然保护区。

但是令大家想不到的是，在它的下方地壳中，有一个盛满岩浆的大洞，里面的岩浆滚动得一天比一天剧烈，火山专家麦吉尔说："黄石公园就像一个巨大的高压锅上的不很结实的锅盖。"

黄石公园所在的大陆现在正覆盖在这个装满岩浆的大洞上。岩浆的巨大热量会不断熔化它上面的大陆。被熔化的岩石和原来的岩石混合在一起，岩浆就会变得越来越多，也就会熔化更多的岩石，就像化了的酒心巧克力一样，皮儿越变越薄。当地下的岩浆越聚越多，达到一定的压力时，就会爆发出来。

而且科学家确定这里是一座隐藏的"超级火山"，黄石公园下的岩浆约10千米厚，现在仍在增长着。如果岩浆冲出地面，小

朋友们想象一下，那应该是人类史上最大的一次火山灾难。

这个炸弹什么时候爆炸呢？

在地球形成之后，黄石公园地下的火山曾经爆发过三次。第一次是200万年前，第二次是140万年前，最后一次是63万年前。如果按照这组数字推算下去，它每隔60万年一爆发的话，那么也许近些年就快爆发了呢！

但是因为它的间歇时间很长，所以史

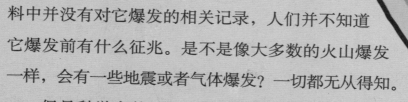

料中并没有对它爆发的相关记录，人们并不知道它爆发前有什么征兆。是不是像大多数的火山爆发一样，会有一些地震或者气体爆发？一切都无从得知。

　　但是科学家估计，如果黄石公园地下的火山再次爆发，对整个人类来说都是一次空前的劫难。它的爆炸声无论全世界的哪个角落都能听到，天空将变成一片灰暗，然后下起黑雨。地球就像经历了一次核战争一样，变成一片荒丘。

超级火山差点毁掉人类

大约74000年前，苏门答腊岛上的多巴火山爆发，这是有记录的最后一次超级火山爆发。它爆发的一瞬间，天昏地暗，地球北部的气温下降了近15摄氏度，全球的平均气温下降了5摄氏度，人类差一点在那场灾难中灭绝。因为有很少的一部分人幸存

下来，才让人类物种保存了下来，并得以繁衍。

现在，在多巴火山的旧址，人们还可以看到长100千米、宽60千米的火山口。火山口里面是湖水，这就是印度尼西亚最大的内陆湖——多巴湖。

猜猜看

岩浆是什么？

小朋友，我们在高山上看到的石块是固体的吧？但是在地下它们可不是固体形状的。在地下，石头就像是在炼钢炉中的铁块一样，可以被岩浆熔化。

岩浆就像铁水一样在地下流动，炽热、黏稠。当它们越聚越多，达到一定压力或者找到地壳的开口、缝隙时，就会混合着蒸气和晶体结块一起冲出地面，这就是火山爆发！

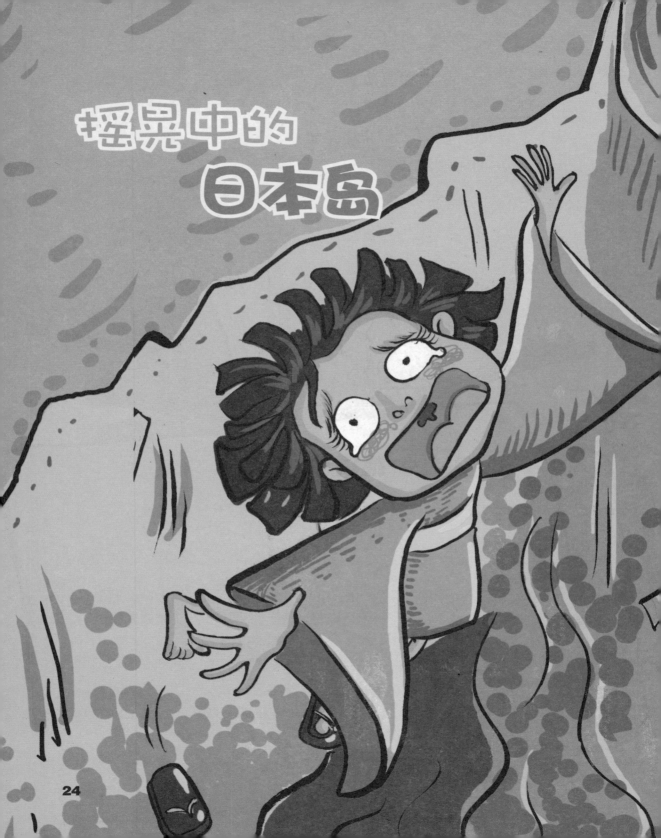

自然灾害中，现代科技唯一无法准确预测的就是地震了。大陆板块的活动带来地壳的剧烈运动，给人们带来巨大的灾难。在20世纪发生了几次重大的地震，日本的关东大地震就是其中之一，地震及地震引发的次生灾害造成的人员伤亡和财产损失都是空前的，下面就让我们再次去追忆那个时刻吧！

令人无处可逃的关东大地震

日本本来就是地震的多发区，所以人们对地震已经习以为常，一些建筑也具备了很好的抗震能力，但是在1923年的日本岛中部的关东大地震却给日本带来了一场灾难性的危机。

9月1日，人们像往常一样忙碌着。忽然从关东的平原地区发出一阵奇特的响声，大地开始疯狂地抖动起来。室外的许多人随着地面震动被扔到空中，又狠狠地摔下来；室内的人们瞬间被砸倒在屋子里。之后大地便撕开了一道口子，许多逃出屋子的人们掉进了裂缝中，一些人被地下水淹死；没淹死的人想爬出裂缝，但是裂缝却突然合上了，人们被永远埋在了里面。

地震把海洋变成了火海

因为正是中午饭时间，而且日本的房屋多是木质结构，一塌下就会马上起火。地下供水管道也因为地震而遭到破坏，消防员根本没有办法救火。火越烧越大，许多被埋在废墟中本来可以被救出的人们被活活烧死。逃出的人们也惊恐万状，整个关东成了一片火海，所有的建筑物几乎都化为灰烬。

许多人逃到海滩跳进海中，但是大自然并没有对他们大发善心。海滩附近的油库突然爆炸了，十万多吨的石油注入海中，大火迅速点燃了水面上的石油，大海瞬间变成了火海，几千人在海中丧生。

海啸、塌方，所有灾难都来了！

日本是一个岛国，在太平洋之中，这里发生的地震往往是大洋板块运动的结果，所以在一系列地震引发的次生灾害中，海啸是必然发生的。

巨大的浪头以每小时近七百千米的速度扑向海岸，逃到海边的人在浪头下就成了蚂蚁，一个个被海浪带到海中不见了踪影。海面上的船只像玩具一样被卷起来，又狠狠摔下，东京、横滨等地的大量船只被毁，码头、港口也都被巨浪拍得"体无完肤"，处于瘫痪状态。

陆地上更是出现了不可思议的场景：很多地方的地面都塌陷了下去，一些村庄被埋到了泥石流和塌方下，永远从地球上消失了。在根川火车站，巨大的塌方把一列火车带进了相漠湾，之后便杳无踪影！

发生地震的原因是什么？

这场突如其来的大地震波及范围之广、受害面积之大、死亡人数之多，在日本地震史上都十分罕见。

这场地震中大约十万人失去了生命，大量房屋被毁坏。关于这次地震发生的原因，大部分人认为，这并不是一场地震，而是在5分钟内发生了三次地震才造成了这样的结果。一般情况下，地震之后的余震不会像原发地震一样猛烈，可是这次余震都在7级以上，造成大地剧烈摇动的时间达5分钟以上。

猜猜看

地球为什么会发生地震？

小朋友，地球是有外壳的，你知道吗？它像篮球的表面一样，是由几大板块构成的。这几个板块分别是太平洋板块、欧亚板块、印度洋板块、非洲板块、美洲板块和南极洲板块。由于地下岩浆在流动，这些板块也在不停地移动。它们之间离得很近，所以在移动的过程中会互相碰撞、挤压，这就形成了地震。

震动世界的
唐山大地震

日本是一个海岛，多发地震很正常，可是小朋友知道吗？人们研究发现，所有的地震多发区都是板块与板块相接的地方。我国在1976年发生的唐山大地震令所有的中国人都无法忘记，在那个本来就物质缺乏的年代，发生那样大规模的地震可以说是给所有中国人雪上加霜。

刹那间的悲剧

1976年7月27日的晚上，人们忙完了一天的工作，纷纷进入了梦乡。这时地下约16千米处的地壳突然发生爆炸，像一颗原子弹一样，把大地震得无法立足，整个华北平原都跟着震动起来。顷刻间，唐山的上空电闪雷鸣，狂风怒号，百万人口的唐山市一瞬间被夷为平地。

地震来得很快去得也很快，没过太长时间，整个城市就安静了下来。死亡的气息到处都是，没有太多人哭喊，城市寂静得让人感到恐怖。

地震对唐山的严重破坏

　　唐山是我国著名的工业城市，在当时，这里已经有了中国历史上的第一个煤矿，第一条标准化的铁路，第一台蒸汽机……但是面对这场灾难，人们只能选择承受。

　　这场地震一共造成了约二十几万人死亡，有很大一部分死者在睡梦中再也没有醒来，毁掉房屋几百万间。

　　全唐山市的供电、供水系统及交通线路也被地震摧毁，唐山钢铁公司破坏严重，被迫停产，钢水、铁水凝铸在炉膛内。所有的医院和医疗设施也都被破坏，所有的工矿全部停产，其中开滦煤矿正处于生产中，近万名工作人员被困在井下。

　　大震之后一般会有余震，

唐山大地震后的
余震也十分剧烈，
唐山附近的河北滦县和天
津汉沽又发生多次五级以上余震。由于
唐山的交通枢纽处于瘫痪状态，所以很多被埋在废墟中的人们，
在余震的再次晃动中被废墟掉落的石块砸中而失去生命。

整个中国东部陷入恐惧

这次地震的震级比较大，而且有几次强烈的余震，所以它不仅摧毁了唐山市，整个华北地区都受到了影响，甚至整个中国东部都被这巨大的震动吓到了。

从北面的黑龙江省到南面的河南省，从东部的渤海湾到西部的宁夏，几亿人都感觉到了这场地震，陷入对灾难的恐慌中……

震后的火灾与毒气

地震并发的灾难有时候会更让人不知所措。唐山大地震时，很多建筑物倒塌致使线路漏电而造成的火灾不计其数。

由于地震，火柴库和酒库的大火烧了几天才停下来；化工

厂中的化学晶体也因地震引发泄漏而自燃；工厂的高温高压设备因严重损坏而引起火灾……

　　地震还引起了部分化工厂的设备损坏，发生了毒气泄漏。小朋友们想一想，到处是一片废墟，竟然还有火灾和毒气，这该让人多么绝望啊！

唐山大地震的怪现象

地震发生后，人们投入抢险救灾的忙碌工作中。地震平息后，人们发现有很多现象让人费解。

1.树木、电线杆安然无恙。地震一瞬间把唐山市夷为平地，但是却有一座微波转播塔还屹立着，而且依然可以使用。所有的树木、电线杆也都没有倒下，为什么它们立得这样安稳呢？

2.建筑体不见歪斜。地震过后残留的建筑物没有出现歪斜的现象，都是像被炸开一样地崩塌，特别是砖石结构和水泥建筑都是分段地裂开，然后向四面迸射。

3.地面上没有波皱。一般地震后，大地上都会有板块运动后留下的小波浪形挤压痕迹，但是唐山地震后地面除了起伏外，还像震前一样平，而且死亡的人员大部分是由于建筑物的倒塌而失去生命的。

4.厂房奇特旋转。唐山的一家名为启新的水泥厂，三层的库房一二层基本完好，可是三楼的窗柱却全部断裂，而且库房出现了不同角度的旋转，现在仍有一个右转约40°的库房保留着。

5.同样的楼房不一样的命运。唐山的公安学校，有三栋三层的楼房，结构、建筑风格都相同，它们之间相距约10米，可是地震后却有着截然不同的命运：南面的一栋完全塌方，中间的只是一部分砖石脱落。而且三栋楼房中，不同的楼层破坏的程度也不同。

地震发生前会有什么征兆？

当然会有一些不同寻常的表现。比如井水陡涨陡落、变色变味、翻花冒泡、温度升降；泉水流量的突然变化，温泉水温的突然改变；很多动物还会出现异常表现，比如，狗会一直叫个不停，鸡不愿待在窝里而拼命往外跑等……

但也有一些征兆人们并不能通过观察得到，比如，每天都会发生一些小震动，这种现象人们已经习以为常，也感觉不到大震之前多次异常的小震动了。

猜猜看

撞上冰山的 "泰坦尼克" 号

　　小朋友，有一部叫《泰坦尼克》的电影，这部电影让好些观众感动得流下泪来。泰坦尼克号沉没了，这不是虚构的电影故事，而是真实的事实，下面我们一起走近泰坦尼克号吧！

号称永远不会沉没的豪华客轮

泰坦尼克是英国的皇家邮船，在当时是一艘世界顶级的豪华巨轮，被人们称为"永不沉没的船"，有的人也叫它"梦幻之船"。

这艘巨轮从龙骨到四个大烟囱的顶端约175英尺，高度相当于11层楼高。这艘巨轮在安全方面做了一个自认为全面的设计。它有两层船底，由带自动水密门的15道水密隔墙分成16个水密隔舱，贯穿全船，16个水密隔舱可以防止船沉没。

奇怪的是，这些水密隔舱并没有延伸得很高。虽然如此，其中任意两个隔舱灌满了水，船仍然能够行驶，甚至四个隔舱灌满了水，船也可以保持漂浮状态，所以人们自豪地说："即使上帝来了，也弄不翻这艘船！"

首航就变成了结束

1912年4月10日，泰坦尼克号从英国南安普敦出发，开始了这艘"梦幻客轮"的第一次航行。但是谁也没有想到，这个号称"永不沉没"的巨轮的第一次航行却成了最后一次航行。1912年4月14日晚，海面上风平浪静，突然正前方出现了一个黑影，瞭望员立即想到前方是冰山，于是马上报告，当时船长接到报告后下令："所有引擎减速！左满舵！三号螺旋桨倒车！"结果这个错误的决定，让泰坦尼克号面临了灭顶之灾。

泰坦尼克号和冰山的死亡之吻

　　船的右舷和冰山底部碰撞后猛烈摩擦，使右舷前部吃水线下方被划出了一个大口子！海水涌入货舱和六号锅炉房。

　　很快，锅炉房被淹没了，抢救邮件的船员成了第一批遇难者。其他船员放下救生艇来救船上的人员，他们选择先救头等舱的人，结果可以容六十几人人的小艇只装了十几个人就开走了！

　　后来，人们觉察到了事态严重，豪华的泰坦尼克的船身已经发生了严重的倾斜，于是人们开始没命地往小艇上挤，结果小艇的数量有限，船员不得不拿出枪来压制人们。两小时四十分钟后，4月15日凌晨，这艘"梦幻客轮"沉没，大概有1500多名乘客葬身大海。

泰坦尼克号为什么会沉没

虽然泰坦尼克号的操作记录证明，它是撞上冰山而遇难的，但是人们对这个说法提出了质疑：这样一艘设计精良的巨轮及有良好指挥能力的船长，怎么可能让船只撞到冰山上呢？各种说法也层出不穷。有人认为是泰坦尼克号没有用钢制的铆钉，结果船弓和船尾被铁制的铆钉闩住，但是很快船厂就推翻了这个猜测。

于是一种新的说法出来了：泰坦尼克号之所以在冰山出没的危险水域仍然全速前进，是因为泰坦尼克号的6号煤仓发生了无法控制的火势，让这艘船变成了一个炸弹，随时都有爆炸的可能。轮船公司总裁担心泰坦尼克号没有抵达纽约就会发生爆炸，于是要求船长全速前进。这才导致了船长明知道前面有可能遇到冰山还全速前进。

来自美国俄亥俄州立大学的研究学者罗伯特认为，巨轮即使撞上冰山，也不至于控制不住沉入海底。因为船员见煤舱中的火很难扑灭，于是往锅炉里填了大量的煤，这样船长想减速已经完全不可能了。于是，船以高速撞上冰山，撞出六个大洞，海水大量涌入，造成船体突然断裂。

英国的研究者则认为，撞冰山并不是什么意外，而是一个大阴谋！这是船只运营机购白星轮船公司骗取巨额保险的一个大阴谋。当时泰坦尼克号的姊妹船奥林匹克号因撞船出了事故，损失惨重，但是保险公司认定事故的责任在于奥林匹克号而拒绝赔偿。于是白星轮船公司把奥林匹克号伪装成泰坦尼克号，并故意

设计让泰坦尼克号撞冰山来诈取保险金。

当然，他们也不可能把2000多名乘客当成牺牲品，于是安排了加利福尼亚号在冰山附近准备救援。当时加利福尼亚号出海的时候除了船员、3000件羊毛衫和毯子之外，竟然一名乘客也没有，但是加利福尼亚号却搞错了泰坦尼克号的位置，没有及时赶到沉船的地点，才让1500多人葬身大海。

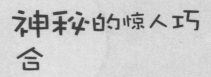

神秘的惊人巧合

1898年英国作家摩根·罗伯森写了一本名为《徒劳无功》的小说，里面记述了一艘号称永远不会沉没的豪华巨轮在北大西洋沉没的故事，小说里的故事情节竟然与1912年沉没的泰坦尼克号惊人的相似。

小说《徒劳无功》中的豪华巨轮名字是"泰坦号"，也是在初航的时候撞上冰山而沉没，失事的地点也是北大西洋。两艘船出事后都是因为救生艇不够而导致乘客伤亡惨重。

除此之外，两艘船都有近3000名乘客，两船的航线都是从英国到美国，并且两艘船上都有三个螺旋桨，撞冰山时的时速都为23码。

为什么没有发生的事情却在小说中被描写了出来，而且这么巧合，难道小说作者有预知未来的能力，还是这里面真的有一个惊天大阴谋？

船为什么会浮在水面上？

小朋友们如果在水中放进一个小铁块，铁块会迅速下沉。那么，巨大的轮船为什么却能浮在海面上呢？

这就要归功于一个叫阿基米德的人了，他发现了关于浮力的规律。大家可以在水面上放一个不锈钢或搪瓷盆，它们会浮在水面上；可是如果装满水的话，它们就会下沉了。

轮船也是这个道理的。轮船内部是空心盒子一样的舱室，这就增加了排开水的体积，所以它便能很轻松地浮在水面上啦！

阿波丸号的
秘密行动

　　泰坦尼克号的沉没让人们对豪华巨轮失去了信心，如果按阴谋论的说法，这场事故是为了骗取巨额保险的话，那么日本邮轮的遇难就有更多的谜团了。下面让我们一起翻开阿波丸的故事，去找一找这个事件的真相吧！

被炸沉的阿波丸

阿波丸并不是什么豪华客轮，而是一艘建于20世纪40年代的远洋邮轮。在第二次世界大战期间，阿波丸的主要责任就是运送战备物资。

1944年下半年，美国及盟国与日本政府在运送救援物资方面达成了协议，美国将保证日本运送物资船只的安全。

1945年2月中旬，阿波丸在对美国政府做了通报的情况下启航。开始很顺利，3月28日上午，阿波丸从新加坡返回的途中却遇到了麻烦。4月1日午夜，当阿波丸航行到我国福建省的牛山岛以东海域时，被美军的潜水舰皇后鱼号发现，于是皇后鱼号向阿波丸发射了数枚鱼雷，而后阿波丸船上的乘客和船上所有物品沉入海中。

日本政府得到报告后被激怒了，准备发动反击，但是之后并没有见到什么具体的实施行动，仿佛这件屈辱的事情没有发生过一样！

"阿波丸"号为什么会被击沉？

看了前文，小朋友应该明白，日本通知美国阿波丸要出航，为什么美国的潜水舰会发射鱼雷击沉阿波丸呢？

让我们先来看看阿波丸中装的是什么吧！阿波丸装载了不同的物品，有的说有黄金约40吨，白金12吨，工业金刚石约15万克拉，还有大捆纸币、各种工艺品、宝石40箱，以及各种稀有金属共约7800吨。

也就是说，阿波丸就是彻头彻尾的一艘宝藏船。有人估计，船上应该还有一样无价之宝，这件宝贝就是在我国周口店发现的远古人类的头骨化石，就是著名的"北京人"头盖骨。本来计划把它送到美国去，可是运送它到秦皇岛的专列半路遭到了日本人的袭击，这个"北京人"头盖骨化石从此下落不明了！

美国在击沉阿波丸时并没有给出什么解释，而日本政府也没有要求美国给予解释，所以我们只能从这些船上装载的东西中猜测它被击沉的原因。

那些宝藏哪儿去啦？

我国在1977年到1980年间，曾经对阿波丸沉船进行了打捞，发现它已经断成两截，埋到了10米多深的海泥中。

打捞沉船的过程中，并没有发现资料中记载的黄金等宝藏，只是打捞出了两千多吨锡锭和几千吨的橡胶，那个人们望眼欲穿的"北京人"

头盖骨化石更是无迹可寻。

人们开始产生疑问，难道资料记载得不对吗？还是沉船之后发生过什么？在后来的打捞中又相继发现了许多中国的文物宝器，但没有找到"北京人"的头盖骨化石。

有人认为是阿波丸的船长为了不让宝藏落到敌人手中，在驾驶室中安装了自爆装置，鱼雷袭击的刹那，他按下了自爆按钮。但是这种说法很牵强，因为我们打捞时明显看出船身是断成两截的，船首在东南，船尾在西北，明显没有船体自身爆炸的痕迹。

价值连城的"北京人"头盖骨化石去了哪里？美军击沉阿波丸后做了什么？一个个谜团像是马上就可以解开，却又仿佛永远也解不开，也许在不久的将来我们会找到答案。

猜猜看

"北京人" 是北京的人吗?

"北京人" 可不是北京的人哟，它们的科学名称叫 "北京直立人"，是人类的祖先。因为这块头骨化石是在位于北京市西南的周口店龙骨山发现的，按照习惯取名为 "北京人"。

"北京人" 生活在距今 50 万年以前，他们住在山洞中，一般是十几个人群居在一起。而且他们的身材很矮，脑容量也不大，根据专家的推算，平均年龄也就是 14 岁左右。

不过，他们可是我们中国人的直系祖先呀！

轮船作为重要的海上交通工具，它的安全性能非常重要。泰坦尼克号撞冰山沉没，阿波丸被鱼雷击沉，都成为引人注目的历史谜案。小朋友，近年来发生的一次核潜艇离奇失踪事件你了解吗？那艘核潜艇在世界核潜艇中占有重要地位，却离奇地消失了，它到底去了哪里呢？

库尔斯克号的失踪

核潜艇与其他的动力潜艇不同，它是采用核反应堆产生动力来航行的。库尔斯克号战略潜艇是当今世界上排水量最大，威力最强的核潜艇之一，它代表了世界核潜艇制造技术的最高水平，它由两个核反应堆来提供动力，最大下水深度可达300米左右。

它的外壳是用很特殊的钢材制造的，具有极强的抗爆和抗撞击能力，如果被鱼雷击中也会安然无恙地继续航行，俄罗斯人骄傲地称它为"永不沉没的潜艇"。

2000年8月，俄

罗斯海军举行了一次演习，12日晚，演习指挥部与库尔斯克号进行通信联系，结果无论怎么呼叫，库尔斯克号也没有回应。过了一天后，俄军在无奈之下终于通报了核潜艇失踪的消息，随即派潜水员下海寻找。

经过很长时间后，人们终于发现了库尔斯克号。它正躺在冰冷的北冰洋巴伦支海域的海底，艇上水兵全部遇难。这个号称"永不沉没"的核潜艇竟然落得个如此下场。

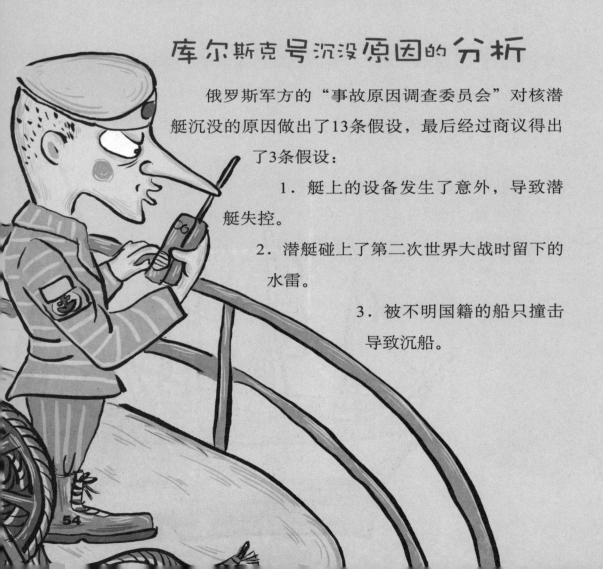

库尔斯克号沉没原因的分析

俄罗斯军方的"事故原因调查委员会"对核潜艇沉没的原因做出了13条假设，最后经过商议得出了3条假设：

1．艇上的设备发生了意外，导致潜艇失控。

2．潜艇碰上了第二次世界大战时留下的水雷。

3．被不明国籍的船只撞击导致沉船。

对于前两个结论，人们经过反复试验觉得不太可能，艇上的设备都是经过专业测试的，失灵的可能性很小。至于水雷炸坏潜艇的可能性更小，小朋友们已经知道这个潜艇的外壳是用特殊的钢材制成的，有很强的抗爆和抗撞击能力，而且第二次世界大战时遗留的水雷并没有多大威力。

在前两种假设被否定的情况下，只有第三种假设的可能性最大了，而且俄罗斯海军在演习时至少有两艘不明国籍的船只跟踪监视，而且潜水员在水下拍摄的录像也证明了库尔斯克号上有明显的擦痕。

但是当俄罗斯国防部长要求美国出示库尔斯克号沉没时在周围海域航行的北约潜艇资料时，遭到美国国防部长的断然拒绝，美国坚决否认俄罗斯调查委员会得出的结论。

英国给出的解释

美国越是拒绝俄国就越是怀疑船只遭到撞击，所以俄军只好把库尔斯克号打捞上来，希望解开谜团。

从记录上发现，在爆炸声波之前有过一次异常声波。这表明，在库尔斯克爆炸前曾经发生过一次小爆炸，相当于100千克TNT炸药的威力。也就是说，库尔斯克号潜艇发生过两次爆炸，两次相距约45秒，第一次诱发了第二次，第二次爆炸相当于2000千克TNT炸药的威力，两次爆炸之间潜艇还前行了近400米。

英国专家分析之后认为，有可能是核潜艇携带的鱼雷引发的爆炸。库尔斯克号装备中有一种新式鱼雷，很不安全，鱼雷使用的一种液体燃料是明令禁止的。所以英国专家认为，库尔斯克号因为技术故障导致鱼雷发射失败，鱼雷在发射筒中就爆炸了，这个爆炸诱发了整个潜艇弹药的爆炸。

打捞出沉船解开谜团

2001年10月，沉没了14个月的库尔斯克号终于被打捞上来。经过仔细勘察，认为是不明船只撞击的可能性最大。

在它沉没之后，附近有另一艘潜艇彼得大帝号对失事地点进行了寻访，从水底传声记录中发现了另一艘潜艇的踪迹。

2002年的2月，俄罗斯终于对库尔斯克号的失踪之谜得出了最后的结论，原因是由于一枚过时的鱼雷爆炸和麻痹大意的安全检查程序致使库尔斯克号发生了两次爆炸，最后沉没。

猜猜看

鱼雷和水雷有什么不同？

鱼雷是通过飞机、舰船或者潜艇进行发射的，它们一般是圆柱体，自带攻击系统，发射后鱼雷将按照指定程序攻击目标，射程种类从十几海里到上百海里不等。也就是说，鱼雷是可以看到目标然后出击的攻击性武器。

但是水雷更像预先埋好的地雷。它们一般是由舰艇或潜艇进行定点布防，一旦敌人接近就会随时引爆，可以说它们是很好的防御性武器，但是不具备自主攻击和航行能力。

不得不重视的非洲饥荒

小朋友，你吃完饭时，碗中是不是还留下许多饭粒呢？妈妈炒的菜是不是你还挑挑拣拣呢？如果回答都是肯定的，那么请小朋友到非洲大陆上看一看那里的小朋友过着怎样的日子。1983年，非洲大陆至少有几千万人出现了严重的食品危机，联合国称为"非洲近代史上最大的人类灾难"。

非洲大饥荒的情景

在1982～1984年的三年间，非洲大地一直处于一片干旱中。其中坦桑尼亚每天就会有1500名儿童饿死。大人把食物省下给孩子，可是食物必定有限，许多孩子被饥饿折磨得都不能用骨瘦如柴来形容。他们更像埃及的木乃伊，身上几乎没有肉，骨骼关节和脉管神经几乎就暴露在皮肤表面。

这种饥荒并不是只发生在这三年之间。早在1973年，西非的塞内加尔、尼日利亚等国家就因为干旱夺走了30万人的生命。

非洲大地上的干旱接连不断地发生，许多国家因此引发了政治动乱，天灾加上人祸，使非洲陷入一场罕见的大灾难中。

连一直风调雨顺的非洲南部也遭受了历史上的最大旱灾，布基纳法索、中非、冈比亚等国粮食均减产50%，毛里塔尼亚在1983年整整一年中只收获15000吨粮食。

大旱使毛里塔尼亚80%的草地变成沙漠。饥饿的农牧民涌入城市，沿路到处是他们的帐篷，他们把城里的粮食吃光后，就开始吃一些小动物，甚至连昆虫也不放过。因为饥饿而引发的骚乱和犯罪事件令人触目惊心。更恐怖的是，本来已经走出原始时期的人类，

竟然又出现了人吃人的现象，而且还是吃自己亲人的尸体。

为什么会出现大饥荒

非洲大部分处于热带地区，近年来非洲人口数量极度膨胀，有些人认为，人口问题应该是这次饥荒的原因之一。非洲人口的出生率、死亡率和增长率居世界第一，失控的人口加剧了粮食危机。

另一个主要原因是人口过度增长对生态环境的破坏。非洲地区的人民生活更接近于原始人生活，那里到处是一些分散的小型农业村庄，非洲的土地并不少，但是他们的农业生产方式还很落后，基本上还是靠天吃饭。

长期不重视生态环境的保护和水土流失，使土地慢慢变成了寸草不生的荒原。

另外，一些游牧民族也在草原上过度放牧，让本来水草丰美

的草原陷入水土流失严重的境地，植被大面积缩减，导致雨水一年比一年少，直至发生了旱灾。

发达工业国家的影响

澳大利亚和加拿大的科学家认为，非洲干旱有可能并不是非洲人民的错，而是一些发达工业国家制造的空气污染造成的。

北美、欧洲和亚洲的一些发达工业国家的工厂，往大气中排放了大量的二氧化硫，这些二氧化硫形成空中的浮质，对降雨产生严重影响，这些浮质不用飘到非洲上空就可以使非洲的降雨量减少一半。

由于空气污染影响到降雨云层，非洲大陆的萨赫勒地区久旱不雨，发达国家的工业越是发展，非洲的旱情越是严重。当然这种说法遭到很多的人反对，特别是一些工业发达国家，但是当20世纪90年代早期，西方工业化国家通过立法减少了二氧化硫气体的排放后，非洲大陆的降雨量竟然趋向正常了！

猜猜看

非洲现在还处于饥荒中吗？

最近，索马里、肯尼亚等"非洲之角"国家仍处于严重饥荒中。"非洲之角"有几千万人每天在忍饥挨饿，索马里大量人口死于饥荒，索马里和埃塞俄比亚的居民营养不良率超过50%，达达阿布等主要难民营每天新收2000多人。

瘟疫让君士坦丁堡堆满P体

世界上最可怕的疾病就是瘟疫，这是一种波及面极广的流行病，瘟疫病毒像死神一样，走到哪儿，哪儿就会变成一片死海，而且人们对它的抗击能力也很有限。从古至今，世界上发生过无数场瘟疫，考验着人类脆弱的生命，下面我们就看看在君士坦丁堡发生的大瘟疫吧。

君士坦丁堡的末日

　　人们常说：大灾之后必有大疫。公元6世纪中期，查士丁尼继承王位成为拜占庭皇帝后，一场罕见的大瘟疫忽然侵袭了拜占庭的首都——君士坦丁堡。

　　这场瘟疫在君士坦丁堡流行了4个月之久，使拜占庭帝国丧失了三分之一的人口。君士坦丁堡死亡的居民占到半数以上。

　　墓地不够用，大量的尸体被扔进海中。无奈之下，皇帝下令修建巨大的坟墓，每个墓室可以容纳7万具尸体，为了节省空间，尸体就像是石子一样被投入到坑中，没有任何的棺椁。

　　瘟疫发展到高峰时期，不分男女老幼、不论高低贵贱，统统成为它袭击的目标。令帝国臣民们震惊的是，就连皇帝查士丁尼本人也一样染病在身。

　　在这场瘟疫中最痛苦是那些神志还比较清醒的患者，他们

全身肿胀，疼痛难忍，几乎是被痛苦折磨而死的。即使奇迹般活下来的，也都留下了后遗症：口吃、言语不清，有的甚至变成了哑巴。

疯狂传播

瘟疫不像普通的疾病，它的杀伤力，比世界上任何一种武器都厉害。每个传染病都有它特定的传染方式，有的通过血液，有的通过空气等，那这场瘟疫是通过什么渠道传播的呢？当时的人们根本没有办法去确定。

瘟疫的发病非常突然，有时两人之间正在相互交谈，不知为何，其中一人就开始摇晃起来；有时发病的人会突然晕倒在家中；有时行人会倒在街上突然死亡。有人描述过当时的一个场景：有一个人拿着工具正在做工艺品，突然，他猛烈地摇晃了一下倒向了一边，就这样永远离开

了！大多数染病的人都是在无意识中，还来不及反应就突然死去了。

有些健康的人离开被感染的城市，结果却把疾病带到了另一个城市，瘟疫就这样被传播到了新的地方。还有的人居住在被感染者中间，不仅与被感染者接触，还与死者接触，但是就是没被感染。有些人不能忍受瘟疫爆发的恐惧和亲人死亡的痛苦而自杀。

瘟疫的爆发着实令人费解，人们没有任何防备和招架的能力，只能等着命运的安排。快入冬时，瘟疫更是转变成了传染性肺炎，可是随着冬天的到来，瘟疫竟然奇迹般消失了！

什么原因引起的瘟疫？

　　这场瘟疫把查士丁尼想要复兴罗马帝国的希望彻底毁灭了，他感染瘟疫后虽然很快恢复了健康，但是这场倾城之灾对他来说尤为痛苦，君士坦丁堡就在这场灾难中几近毁灭！那么这场瘟疫的起因是什么呢？

　　有人认为这场瘟疫来自埃及的港口城市，船上的老鼠把瘟疫带到了君士坦丁堡，但是这些老鼠是从哪儿来的呢？其实，像霍乱、伤寒等瘟疫在地球的很多地方都会发生，特别是在战争或者饥荒出现的时候。许多病毒在生成和传播时都会发生变异，直到现在我们对病毒的预防和治疗能力还很有限。

什么样的病被称为瘟疫？

瘟疫是一个概括的称呼，西医理论中，瘟疫是指由病毒引起的大范围传染病。也就是说，只要是传染性强，影响广泛而且造成严重后果的疾病都被称为瘟疫。

从古至今，人类遭遇了无数次的瘟疫，有些瘟疫在短期内得到控制并消除；有些瘟疫虽然得到控制，但因当时的医学知识和医疗条件有限，并不能完全消除；有些瘟疫不仅当时难以控制，而且对后代的影响也很严重，比如黑死病、鼠疫、天花、流感等。

猜猜看

让中国人
伤不起的SARS

2003年，中国大陆爆发了一场传染病，很多地区都被隔离起来，学校、工厂也因此受到了严重影响。许多经历过的人都会觉得这是一场生死考验，也经历了许多生离死别。小朋友，下面就让我们和爸爸妈妈一起再次回忆那个可怕的瘟疫——SARS吧！

SARS事件牵动了中国

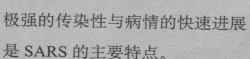

SARS 是一种"非典型性肺炎"病毒的简称，后来人们对它做了纠正，这个病毒的确切名字应该是"传染性冠状病毒肺炎"。它的主要症状是发热、干咳、胸闷，病情严重者会出现呼吸系统衰竭，是一种新的呼吸道传染疾病，极强的传染性与病情的快速进展是 SARS 的主要特点。

有人认为，致病的主要原因是衣原体病毒，而科学家最终定论其病原体是"冠状病毒"。目前中国和欧

盟科学家联手，成功研制了能有效杀灭非典病毒的化合物，解决了令全国人民恐慌的SARS问题。

怎样预防病毒？

勤洗脸勤洗手。虽然SARS病毒已经得到了控制，而且也找到了有效的治疗方法，但是没有了它谁知道又会出现什么其他的病毒呢？所以平时要养成好习惯，才能保持一个健健康康的身体哦！

1. 洗。在我们的身体上，虽然有两个部位是经常洗的，但是仍然是病毒最多的地方，它们就是手和脸。

我们做任何事情都要用到手，它粘染病毒的机会最大，所以平时要保持一双干净的小手很重要。洗手时，要先用活水认真冲洗手上的各个位置，包括指甲缝，再用肥皂或洗涤液在手上来回搓，然后用清水冲干净，整个洗手的时间不应少于30秒。

脸更要常洗，大部分的病原体都会通过鼻、咽和眼侵入人体，所以每次从外面回家一定要用流动的活水把你的小脸洗得干干净净的，减少感染病毒的机会。

2. 喝。小朋友不要听一些不法商人的建议，常喝一些药来预防。是药三分毒，不是病毒的传染季就不要总喝药来预防。一般情况下，在春季是传染病的高发季，这个季节多风干燥，空气中粉尘含量很高，鼻粘膜容易受损。所以，我们要多喝一些水，保持鼻粘膜的湿润，以增强人体的抵抗力。当然，多喝水对清理身

体内的废物也是很有好处的哦！

3. 出门做好防护。在春季病毒传染多发的时候，我们出门时一定要戴好口罩，让呼吸道跟病毒划一条界线，口罩会把空气中的病原体过滤在外面，让它们不会进入到人体。而且口罩也不要好几天总戴一个，也不洗，你看不出它脏，但是你每次出门，它的外面就会附着很多过滤出去的病毒和细菌哦！所以口罩最好戴一次清洗一次，而且最好是用高温消毒后再戴。

4. 室内通风。小朋友一定想，大多数传染病是经过空气传播的，那我把自己关在屋子里不就不传染了吗？你可错了哦！如果屋子中还有一些病菌存在的话，它们就会滋生繁殖，所以我们要经常打开窗户通风。SARS的经验也告诉我们这点很重要，大部分感染者都是城市的聚集区，农村很少，这就是因为病菌的浓度被稀释的结果哦！

除此之外，合理锻炼身体也可以提高免疫力。如果出现了疫情也不要紧张，保持一个良好的心态，积极应对，相信那些病毒就不会来打扰你了哦！

74

SARS很可怕吗?

SARS 在中国广泛地传播，但是不只是中国感染了这个病毒哦！世界卫生组织 2010 年 8 月 15 日公布的最新统计数字，截至 8 月 7 日，全球累计非典病例共 8422 例，涉及 32 个国家和地区。自 7 月 13 日美国发现最后一例疑似病例以来，没有新发病例及疑似病例。

猜猜看

横扫欧洲的
黑死病

　　君士坦丁堡的瘟疫毁了一个罗马帝国，但是欧洲的黑死病差点把整个欧洲都毁了。它历时4个世纪之久，之后突然消失得无影无踪。什么是黑死病？当年欧洲发生了什么？下面就让我们一起去了解一下吧！

可怕的黑死病

　　黑死病是历史上最大的瘟疫之一，因为患者发病时的症状而得名。患有黑死病的人身体上往往会出现大块的黑色肿瘤，而且瘤体中会渗出血液和脓液，受感染的人往往高烧不退，进而出现精神错乱。

　　大部分感染黑死病的人会在48小时内死亡，不过也有一部分人会奇迹般地生存下来。后来，人们了解黑死病的症状后觉得它可能是一种由病菌引起的传染病。这种病菌由跳蚤的唾液携带，跳蚤可能先吸到受到感染的老鼠的血液，再跳到人身上，在吸食人血液的时候就会把病菌传染到人的身上。

横扫欧洲的一场灾难

在14世纪中期的时候，黑死病从中亚地区向西扩散，之后迅速蔓延。根据今天的估算，当时的欧洲、中东、北非和印度地区都被感染了，而且大约有一半的人因感染黑死病而死。

从1348年到1352年，死于黑死病的欧洲人大约有2500万。其中德国的历史记录中记载了死亡人数最多的一天死了1500人；维也纳每天也有500~700人死于这场瘟疫；在佩皮尼昂，全城仅有的8名医生中只有一位从黑死病的魔掌中逃了出来。不过黑死病也完成了一件伟大的事，因为它，历经百年的英法战争结束了！

对于黑死病的传播，人们也有些记载。在 1665 年某月初，某个村里的裁缝收到了一包从伦敦寄来的布料，4 天后他就死了，人们为他办理了丧事，结果之后又有 5 人死亡。村民这才反应过来，那包布料将可怕的黑死病带到了村子里。

在极大的恐慌中，本地教区领袖说服村民做出了决定：禁止这个村的村民与外界接触。一年以后，有人来探访这个村子。他以为这里应该一个人都不剩下了，结果却发现这个村子中原有的 350 名居民已经死了 260 名，仍然有一小部分人活了下来！

大部分瘟疫的传播都有如下特点：有些人与感染者亲密接触但不会被传染；有些本以为传染不了的人却迅速发病了！而且瘟疫的爆发和终止也常常是不知所以、不可预测。黑死病在欧洲持续了四个世纪之久，但是到了 18 世纪，它却莫名奇妙地消失了！

黑死病的传播之路

当人们发现它与19世纪发生于亚洲的淋巴腺鼠疫相似时，才明白那个从14世纪开始的黑死病应该也是由于一种被称为鼠疫杆菌的细菌所造成的。这些细菌寄生于跳蚤身上，并借由黑鼠等动物传播。不过由于其他疾病也有可能产生淋巴腺肿，因此也有人提出不同观点。

那它为什么会这么迅速地在欧洲传播呢？人们认为鼠疫原产中亚，其携带者是土拨鼠。在蒙古帝国之前鼠疫就曾多次传入中国，所以虽然当时中国也曾发生地区性鼠疫传染，但由于中国并不是第一次发生鼠疫，所以对这类传染病就有了一定的免疫力。

当时在卡法的一个热那亚商人无意间把带着细菌的跳蚤带到了意大利，欧洲并没有发生过鼠疫，因此欧洲人对鼠疫也没有什么免疫能力，于是鼠疫就在欧洲广泛传播开来，成为令人闻之色变的黑死病。

不过也有些人

认为，它可能是由丝绸之路上的商人把病菌带到中东，然后经由中东传播到欧洲的。无论是哪一种说法，总之查看黑死病的感染记录就会发现，它是沿着欧亚丝绸之路由东往西横行的。

对于黑死病起因的争论

但是有两名英国科学家并不认为黑死病就是人们常见的腺鼠疫，而是一种病毒性的出血热。公元前1500年至公元前1350年，法老时代的埃及，在尼罗河谷就发生过出血热。此后两千多年间，地中海东岸不断大面积爆发出血热。它的症状与黑死病极其相似。

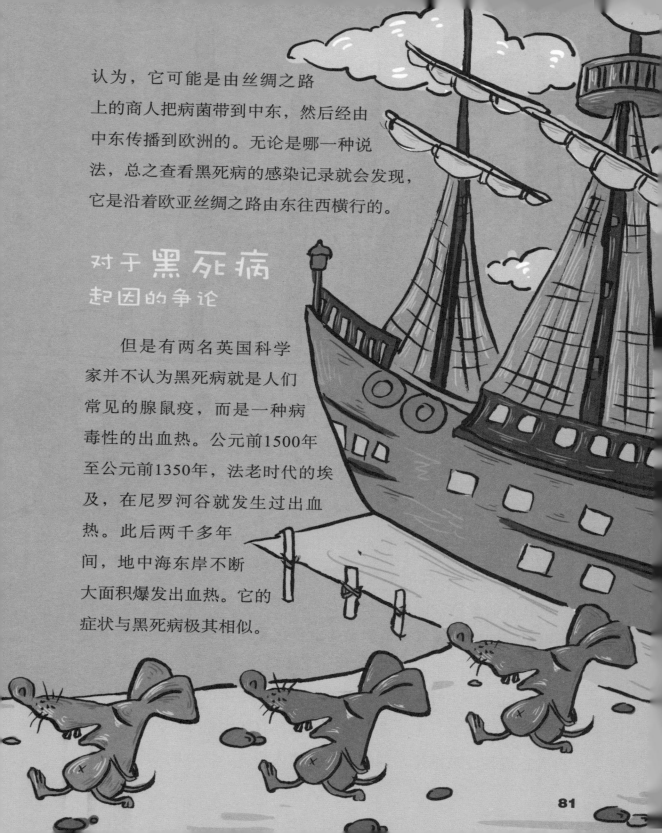

于是，一场关于黑死病起因的争论就此展开。有人觉得黑死病的大爆发与中世纪欧洲大量屠杀女巫有关系，因为杀死了女巫，她们的猫也被大量消灭，所以很长一段时间欧洲没有了猫，于是老鼠的数量剧增，这提供了黑死病大量爆发的基本条件。

有人甚至认为黑死病是由彗星带来的。公元6世纪时，一颗小彗星与地球相撞，使地球上的农业几乎完全被毁灭，全球面临着饥荒的威胁，随后欧洲就爆发了黑死病。

彗星撞地球后，灰尘会在撞击下四处传播，地球上的生物缺少了阳光的照射，无法进行光合作用，农业大量减产。于是，很多人在饥荒中被饿死，病菌便在尸体内形成，活着的人吃都吃不饱，又缺少阳光，抵抗力就会大大下降，于是黑死病便在欧洲传播开了。

哪一种解释更真实？为什么黑死病悄无声息地消失了呢？这一切都成了谜。

猜猜看

人也会感染炭疽病吗？

炭疽病是一种植物疾病，它多发生于温暖潮湿地区，感染多种草本和木本植物，由某些真菌导致。症状是植物的叶、茎、果或花中出现各种颜色的凹陷斑，斑点常扩展而导致植物萎蔫、萎凋或死亡。

动物如果吃了感染的植物就会被感染，人接触病畜及其产品或食用病畜的肉类也会发生感染。常见的病症是皮肤坏死、溃疡，出现焦痂和周围组织广泛水肿及毒血症症状，偶尔引起肺、肠和脑膜的急性感染，并可伴发败血症。

兴登堡号
爆炸大调查

小朋友，你是不是梦想在天上飞来飞去？人类很久以前就有一个愿望，那就是长一对会飞的翅膀，于是人们开始模仿鸟儿制作能把人带上天空的飞行器。现在我们可以乘坐飞机飞上天空，在飞机出现之前还有一种流行一时的飞艇，却因为一次爆炸，宣告了飞艇时代的匆匆结束！

兴登堡号的爆炸

　　1900年，世界出现了飞艇，飞艇比飞机的诞生还要早三年。但是在飞艇问世不到40年的时候，飞艇就匆匆告别了历史舞台，原因是一架名为兴登堡号的飞艇在美国新泽西州莱克赫斯特着陆时突然起火燃烧，由此，希特勒下令禁止使用飞艇，飞艇时代就这样结束了！

　　兴登堡号是一个长约245米，重约110吨的庞然大物。那天，它像往常一样在大西洋上空飞行，之前它已经成功飞行了12次，所以人们并不担心它有什么问题。这天，它是逆风冒雨飞行的，所以它到达的时间比预期延迟了12个小时。它在美国的东海岸下降，以便在傍晚时准确着陆，因为当时有暴风雨，它在机场附近盘旋了一个小时，等待天空放晴。

到了晚上，飞艇在离地面近90多米的地方掷下两根着陆线，准备着陆。突然，飞艇的尾部发生了爆炸。工作人员扔下的着陆线已经湿透，起到了地线的作用，所以飞艇的金属架因为地线而充电，机壳开始升温，上面高度易燃的涂料便开始燃烧起来。

10秒后，整个艇身被火点燃了，34秒后，它成了一个大火球，地面的人们束手无策，只能眼睁睁看着它毁灭。

兴登堡号的坠毁引起了人们对飞艇安全性的讨论，虽然在这场灾难中，艇上的部分人顺利逃了出来，但是人们还是对飞艇的安全性心有余悸。

为什么会起火？

兴登堡号的失事，无疑给人们飞上天空的幻想带来沉重一击，而且当时飞机已经生产出来，安全系数也比飞艇要高，生产兴登堡号的公司也因为这次事故而倒闭了。人们对兴登堡号爆炸的原因还是想要得到确切的答案。

美国通过试验，给出了一个结论：兴登堡号的表面是铝热剂涂层，它是高度易燃的，而且几乎与火箭的燃料相似。它还是靠铝粉硬化的，而铝粉也是高度易燃的物质，它的内部又充满了氢气，所以遇到诱因燃烧爆炸是顺理成章的事！

也有人认为，飞艇因为晚点，错过了下降之后的大幅度转向，一根固定钢缆断裂，划破了气囊，氢气外泄与静电火花相撞，引起了氢气的燃烧才导致了事故的发生。

　　还有人说兴登堡号的飞艇坪影响了周围树林中的农民，于是农民在一气之下就在它的内部装置了定时炸弹，但是这个说法并没有找到什么证据。

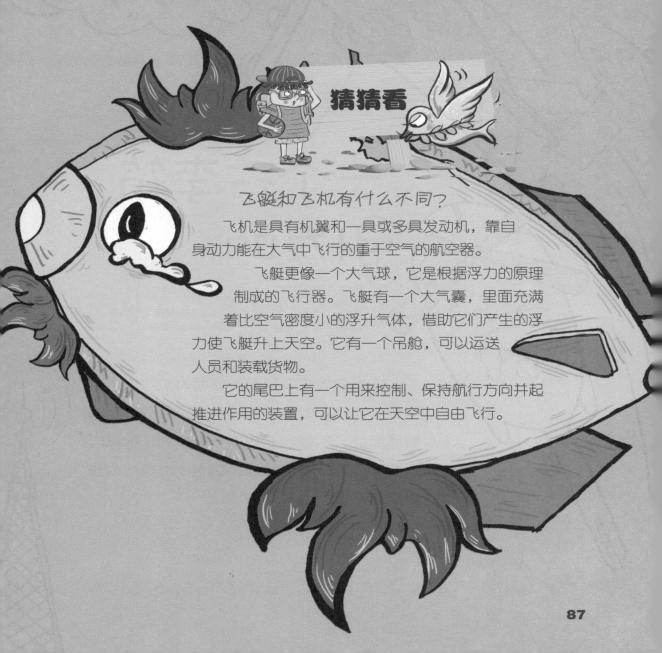

猜猜看

飞艇和飞机有什么不同？

飞机是具有机翼和一具或多具发动机，靠自身动力能在大气中飞行的重于空气的航空器。

　　飞艇更像一个大气球，它是根据浮力的原理制成的飞行器。飞艇有一个大气囊，里面充满着比空气密度小的浮升气体，借助它们产生的浮力使飞艇升上天空。它有一个吊舱，可以运送人员和装载货物。

　　它的尾巴上有一个用来控制、保持航行方向并起推进作用的装置，可以让它在天空中自由飞行。

一个行李箱引发的洛克比空难

飞机自诞生之日起，就因为快速、方便而受人欢迎。但是，飞机的安全事故却从没有间断过，下面就让我们一起回到1988年，去看看美国泛美航空公司的103次班机的爆炸之谜吧！

行李箱引发的空难

小朋友，如果你要乘坐飞机的话，每次登机时都要经过严格的安检，那是因为也许一个很小的安检失误就有可能造成巨大的损失。

1988年12月21日，泛美航空公司的103次班机从伦敦希斯罗机场起飞前往纽约。当飞机经过苏格兰洛克比小镇上空时，客机上的一个行李箱突然爆炸，这个爆炸的威力可不小，整个机身被炸出了个大窟窿，之后它一路火光地迅速坠落到地面。

飞机上的所有人员无一生还，落到地面上的飞机残骸还引起了村民的房子起火，以及煤气管道起火，这直接导致11名洛克比居民丧生。

关于炸弹的地毯式查找

事故发生后，人们不禁要问，难道当时飞机上的人员没有经过安全检查吗？当然这不可能。人们通过事后的调查发现，炸药是被装在一个磁带播放机里的，一个瑞士造的电子定时器设置了炸药的爆炸时间。

之后，苏格兰警方在洛克比进行了大范围的地毯式搜索，搜集到了大量证物。

其中最重要的证物是半年后发现的。在距坠机地点约129千米远的森林中发现了一小块纤维，这显然是一件T恤衫的残片，但纤维里面竟然有炸药等物质。

在1990年的秋天，美英两国联合调查，发现了一个利比亚特工人员的日记，加上之前的残片，所有的线索指向了利比亚航空公司。箱子中的炸弹应该就是由利比亚航空公司驻马耳他办事处经理费希迈和利比亚特工人员迈格拉希所安置的。

洛克比空难案件在2000年5月份开庭审理，不到9个月，就有几百人出庭作证，最终迈格拉希被判终身监禁，费希迈被判无罪，利比亚也承诺在2003年为遇难者家属发放补偿金。但是迈格拉希坚决否认自己的罪行，一直说自己是清白的。

伊朗更有可能是幕后黑手吗？

法庭宣判一个月后，一个叛逃的伊朗高级情报官员突然在美国的哥伦比亚时事节目中说，洛克比空难并不是利比亚的责任，而真正的幕后黑手是伊朗。

他的名字叫阿默德·贝巴哈尼。在过去的10年中，他负责统筹伊朗所有对外的恐怖袭击，洛克比空难就是其中之一。

他最初找到了巴勒斯坦恐怖分子贾布里尔，希望得到他的帮助。于是他们把一批利比亚人带到伊朗，进行了90天的集训，学习了如何安装、放置那些设计"非常精密"的炸弹。

之前，美国空军无线电曾截获过一份伊朗政府部长悬赏炸毁美国客机的无线电信号。

现在经过贝巴哈尼的详细描述，再加上美国海军曾在波斯湾因"失误"而击落过伊朗民航客机，造成机上200多人死亡。所以说伊朗更有作案的动机，那么迈格拉希就只是一只替罪羊而已。

是"毒品换情报"造成空难吗？

在处理遇难者尸体的时候，有一具尸体莫名奇妙地消失了。之后人们一直在查找它的下落，但总也查不到，所以人们确定，这具失踪的尸体应该与洛克比空难有着直接的联系。

2006年，英国警方外科专家戴维·菲尔德豪斯博士参与了飞机失事的调查与善后清理工作，他觉得利比亚是这次空难的冤大头，应该是叙利亚极端分子将炸弹安装在了飞机上。

因为当时美国中央情报局正在秘密发起一项"毒品换情报"的计划，他们允许叙利亚极端分子通过飞机将毒品从欧洲走私到美国，他们从叙利亚极端分子那里获得被扣押在黎巴嫩的美国人质的消息。

但是这次行动却没有按约定进行，叙利亚极端分子又受到别国雇用，将毒品换成了炸弹。当然这个"别国"应该就是之前所指的伊朗。发生爆炸的飞机上载着一些美国特工，爆炸后，一些身穿泛美航空公司制服的美国中情局特工便在飞机坠毁地点寻找属于这些特工的行李箱。

英国警察说他们发现一枚美国中情局的徽章，但是

却被威胁不允许记在档案里。

因为这个"毒品换情报"的说法让洛克比空难变得更加令人不解，也许哪一天，这个谜会被解开，总之，看来它是一场人祸，与天灾无关。

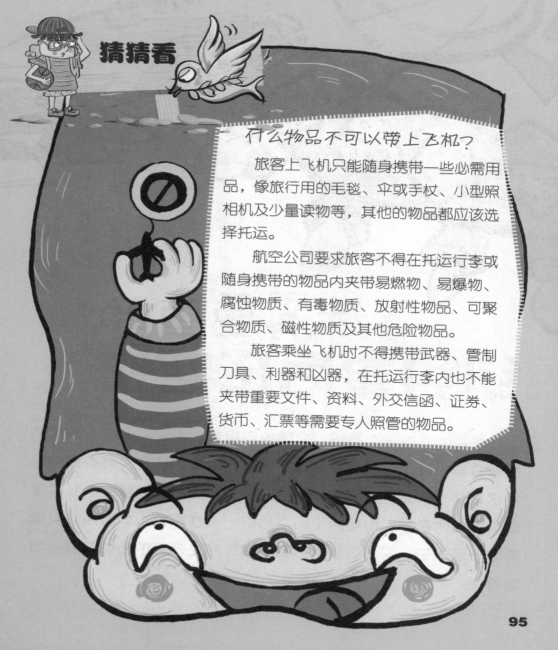

猜猜看

什么物品不可以带上飞机？

旅客上飞机只能随身携带一些必需用品，像旅行用的毛毯、伞或手杖、小型照相机及少量读物等，其他的物品都应该选择托运。

航空公司要求旅客不得在托运行李或随身携带的物品内夹带易燃物、易爆物、腐蚀物质、有毒物质、放射性物品、可聚合物质、磁性物质及其他危险物品。

旅客乘坐飞机时不得携带武器、管制刀具、利器和凶器，在托运行李内也不能夹带重要文件、资料、外交信函、证券、货币、汇票等需要专人照管的物品。

迷雾重重的
纽约皇后区空难

    洛克比空难令人费解，之后的调查和发现让人们觉得答案仿佛就要被揭开了，可是又觉得它隐藏得很深。许多空难的真相都是这样扑朔迷离，令人费解。"9·11"让人们为世贸中心双子座的倒塌而痛心，可是两个月之后的一次空难给人们的内心又增添了一层阴影。下面就让我们看看两个月之后美国面临的又一次劫难吧。

纽约皇后区空难

美国东部时间2001年11月12日，美国航空公司一架客机由纽约的肯尼迪机场飞往多米尼加共和国。客机上一共有252名乘客和9名机组人员，原本预计的起飞时间是上午8点，可是不知道什么原因直到9点14分它才起飞。

飞机的晚点是由很多原因造成的，也算是正常现象，所以没有人思考太多，可是谁也没有想到，飞机在起飞3分钟后突然从天空直坠下来，撞上了居民区的至少4栋大楼。因为飞机刚刚起飞，燃油很充足，所以它像炸弹一样一路冲下去，之后燃起了熊熊大火，烧毁了附近的十多座建筑。

机上的所有人员全部遇难，其中还包括5名婴儿，地面上的损失也很严重，有35人在事件中受伤，8人失踪。

又是恐怖分子
制造的吗？

这次空难人们一直认为这应该也属于一次恐怖袭击，有些目击者也佐证了这个说法。

目击者说，飞机在坠毁前就已经起火了，但是调查事故的人却认为这种说法是危言耸听。因为在飞机失事前与地面的联系一直很正常，地面雷达系统也没有发现什么异常。而且当时的相关人员也说，飞机在遇难前曾经往洛克卫海滩倾倒过燃油，说明飞行员应该知道飞机出现了事故，那应该是机械故障所造成的坠毁。

联邦调查局证实飞机在坠毁前就已经发生了爆炸，但白宫的发言人却说这不是事实。种种说法让这次空难成了一个大谜团，白宫为什么要否认呢？从飞机残骸分裂成几部分并且散在四面八方来看，应该是发生过爆炸的。

那这次爆炸是恐怖分子的又一次报复活动，还是有什么其他原因呢？人们的争论不但没有解开谜底，反而让事件越来越神秘。

大鸟撞上了飞机？

美国空难专家声称，这次空难是因为飞机的引擎刚起飞就吸入了一只大鸟，从而造成引擎爆炸。

这种说法也是有根据的。在1988年，埃塞俄比亚的一架波音737飞机就是在起飞后，刚刚升到3800米的上空时，突然撞上了大鸟，结果造成机上近百人死亡。

提到引擎，人们又想到了联邦安全局官员曾经对这个客机的引擎提出检查安全性的要求，他们觉得这个引擎存在着很大的安全漏洞。从2000年以来，它曾经出现过很多故障，联邦航空管理局也对它进行过多次检查。

飞机引擎引发的事故可真是不少了啊！在 1979 年 5 月，美国航空公司一架飞机从芝加哥起飞后不久，它的一个引擎就完全松动脱落了，造成飞机坠毁，机上几百人遇难。

一个小失误造成大事故

调查人员一直说飞机上的机械装置没有受到损坏，极力否认是由恐怖活动而造成的坠机，此举不知道是出自真实的调查结果还是仅仅为了平复民众的心情。因为记录飞机飞行数据的黑匣子受到了严重损坏，所以飞机到

底为什么会在起飞3分钟后坠毁成了一个难以解开的谜。

美国交通安全委员会在事故发生后的第三天发表声明说，确定飞机在失事前曾经遭遇过两次先于它起飞的飞机制造的尾流，在坠毁前几秒，一股气流让它发生了严重的倾斜。

按国际标准，一架飞机起飞至少两分钟后另一架飞机才可以起飞，但是失事客机起飞时间与它前面的客机只隔了1分钟左右，因此得出客机失事的原因是前机尾流造成的。

如此说来，在众多推测事故原因的说法中，似乎这个说法的可能性最大，而且美国据此做出了认定，这仅仅15秒的差距就造成了如此严重的空难，人们是不是该思考点什么呢？

猜猜看

什么是飞机的尾流呢？

飞机的尾流是飞机在飞行中绕过机翼和机身的气流所产生的低速低压区。在晴朗的天空，我们看到飞机飞过后留下的长长尾巴就是尾流搅动大气形成的，一般情况下很快就会消失。

重量越大的飞机，尾流强度就越大，尾流旋转方向从每个机翼的下表面绕过翼尖到达上表面。如果我们跟随一架重型机起飞或者降落，都有特定的操作程序来避开前机尾流。如果轻型飞机进入重型飞机的尾流旋涡中，会立即失控横滚。

在落地刹那消失的哥伦比亚号

人类对宇宙的了解是付出了惨痛代价的，其中最让人痛心的是美国哥伦比亚号航天飞机在2003年返回地球时突然发生事故，机上的7名宇航员全部遇难。今天，我们再次回忆起当时的场景也会为此掉下泪来。

"哥伦比亚"号的最后飞行

　　1981年4月12日，哥伦比亚号航天飞机进行了第一次飞行。哥伦比亚号是美国最古老的航天飞机。2003年1月6日是它的第28次服役，这也是美国航天飞机诞生22年以来的第113次飞行。

　　但是人们并没有想到，2月1日哥伦比亚号返回大气层时，突然与控制中心失去了联系。一架航天飞机最多可以使用100次，美国已经经历了42年的载人飞行，虽然阿波罗号载人飞船、挑战者号航天飞机之前都出现过失事事故，但返回途中的航天飞机并没有出现过一次事故，所以这次航天飞机的突然失踪给航天中心带来了巨大的恐慌。

　　之后，科学家终于找到了它的踪迹，但它已经爆炸解体，地点是得克萨斯州的上空，机上7名

宇航员无一生还。

有人见到哥伦比亚号的失事场面，它应该是在预定降落时发生事故的，人们看到了巨大的火焰团，而且听到玻璃被震得哗哗响。

是惊人巧合还是必然？

哥伦比亚号的失事原因人们一直在调查，调查的同时，人们不仅想起了17年前一升空就遇难的挑战者号航天飞机，两个飞行器在细节上竟然如此相同。

哥伦比亚号的发射时间与挑战者号发射的时间相同，选择这个时间的目的就是为了纪念当年

挑战者号遇难的人员。
也是因为纪念的原
因，哥伦比亚号的航天
员也是由7名不同种族背
景的成员组成，其中包括一名
印度出生的美国人和一名以色
列的航天员。

更令人惊异的巧合是这个以色列人的最后一封信说，天空之旅无限平静，他真希望永远待在太空，而哥伦比亚号正好是在得州东部一个叫做巴勒斯坦的小镇上空解体的。

什么原因导致了灾难？

对于航天飞机的遇难，人们做出了种种推测。

1.美国航天局认为，多次模拟试验可以证明哥伦比亚号是可以安全返回地面的，但是因为研究人员当时可能使用了错误的模拟数据，导致了这场灾难。

2.航天飞机进入大气层的角度发生了偏差。它以8倍于声速的速度进入大气层时会受到强大的压力，如果角度稍有偏差就会对航天飞机造成超负荷的巨大压力。

3.航天飞机的导热系统出现了问题。大家都知道流星在坠落时会擦出火光，航天飞机为了保证顺利返回地面，都会使用绝缘的材料来保护飞机的外壳，防止因大气摩擦而产生的高热，哥伦比亚号可能是飞机外的绝缘体脱落才导致其爆炸的。

还有人认为应该是机体的破损造成的大气摩擦起火，这与第三种说法很相似；也有人认为也许是已经飞行了28次的哥伦比亚号已经进入老年了，机体严重老化，所以没有办法承受大气的压力，因为在发射之前，它已经多次因为出现故障而检修了。

官方的发言证明

根据哥伦比亚号航天飞机事故调查委员会的调查报告证明，哥伦比亚号航天飞机外部燃料箱表面的泡沫材料在安装过程中存在缺陷，是造成整起事故的祸首。

报告认为，在哥伦比亚号航天飞机发射61秒后，外部燃料箱表面脱落了一块不到一平方米的泡沫隔热材料，它把哥伦比亚航天飞机的左翼撞了一个大洞。

可是，宇航局在航天飞机执行任务的16天中没有及时发现这一损伤，也没有进行报告和修复。就是这个小小的损伤，让哥伦比亚号在返回地面进入大气层后，炙热的空气冲入左机翼，也许同时还涌进了机轮所在的起落架舱。

当2月1日航天飞机再次进入地球大气层时，承受不了这么大的伤痛，于是造成了航天飞机解体，7名宇航员全部遇难的惨痛事故。

其原因众说纷纭，究竟真实的情况是什么，也许在不久的将来就可以揭开谜底。但是，这次灾难对美国的航天事业着实是重大打击。

挑战者号坠毁是什么原因？

发射时气温过低，发射台上已经结冰，造成固定右副燃料舱的O形环硬化失效。在点火时，火焰从上往下烧，O形环要及时膨胀，但O形环已经失效，火焰往外冒，断断续续冒出了黑烟。在爆炸前十几秒，航天飞机遭到一股强气流，在爆炸前一秒，火焰烧灼让主燃料舱的O形环脱落，造成了主燃料舱底部脱落。挑战者号在燃料的爆炸作用下，被炸成了碎片。

猜猜看

大海在印度洋发了狂

大海广阔无垠，它一直都很神秘，人们对它的认识太少了。有时它稍微发个小脾气，对人类来说可能就是一个大灾难，海啸就是其中之一。海啸是怎么回事呢？原来，它就是一种由海底地震诱发的巨大的破坏力极强的海浪。下面请小朋友跟我一起去了解印度洋海啸的始末吧！

损失惨重的印度洋海啸

　　一般情况下，住在内陆的人们听到地震、火灾往往比听到海啸更觉得可怕。俗话说：水火无情，水是排在最前面的，住在海边的人们觉得海啸的杀伤力更大！

　　2004年12月26日，印度尼西亚苏门答腊岛发生地震。海岛的地震一般是因为大洋板块的移动而造成的，这次地震还引发了大规模的海啸。

　　地震引发的巨大海啸席卷了印度洋沿岸地区，但在太平洋沿岸，只看到海面轻微起伏。事发地点位于旅游热点附近，加上正值圣诞节的旅游旺季，受灾地区聚集了大量的本地居民和游客，很多游客成了这次灾难的受害者。这应该是近两个世纪来死伤人员最惨重的一次灾难。一般地震引发的海啸怎么会有这么大的威力？人们不得不开始怀疑海啸从何而来。

非法开采酿造成海啸

人们的各种猜测纷纷出来了，科学家也开始了对海边各地区的勘查，想要快速地找到这次海啸的源头。

于是，他们对损失最严重的斯里兰卡附近的海域做了研究。当地的珊瑚礁有极强的阻止海浪的能力，但是近些年来，非法开采、过度开采及牟利之徒的偷盗，让斯里兰卡南部的珊瑚群遭受了极大的破坏，于是它们阻挡海浪的能力下降了。

当地震引起的巨浪再次袭击海岸时，珊瑚礁没有起到防御能力。人们也觉得这个说法是可信的，因为在印度洋沿岸一些珊瑚礁保护较好的地方，损失就没有那么惨重。

生态武器实验引发地震

人为开采珊瑚礁造成海啸损失重大的观点对一些崇尚"阴谋说"的人来说并不能满足。他们觉得既然海啸的起因是因为地震，那么地震的起因才是这次严重惨剧的最终原因。

他们认为，一般情况下不可能无缘无故地发生地震，而一

般的板块移动怎么能引发这么大的海啸呢？于是他们猜想，这一定是某国在研制一种绝密的生态武器，生态武器的爆炸实验诱发了地震。

这个观点也是有一定依据的。在海啸之前，美国曾经接到了海啸的警报，可是他们只是向印度洋军事基地发出警报，并未告知其他亚洲国家，所以他们的军事基地并没有受到损失。为什么他们预先知道了海啸却把情况隐瞒下来呢？

我们无从得知，不过一些科学家迅速对这种说法进行了否定，他们觉得现在并没有一种生态武器可能引发这么大的地震和海啸。印度洋的板块的确出现了断裂，因而造成了地震，所以"阴谋说"是没有任何依据的，只是夸大其辞的臆想罢了！

究竟是什么原因呢？

以上的两种观点都存在一定的片面性，而且并不能说明印度洋海啸的根本原因。科学家经过研究后发现，引发印度洋海啸的直接原因是印度洋板块和亚洲板块相互挤压。因为板块之间的挤压，所以才引发了强烈的地震。

地震致使一部分地层断裂，巨大的能量骤然爆发出来，从而引起了海啸。

不过，印度洋海啸造成如此惨重的损失有一点是不得不提的。当地的人们为了发展旅游业，把大部分的旅游建筑建在了靠海的地区，致使游客在海啸来临时慌乱，无处逃避。这应该也是伤亡人数如此之多的一个重要原因吧。

猜猜看

海啸是怎么形成的？

能形成海啸的原因有三个，它们分别是地震活动、海下的山崩及宇宙的影响。

宇宙的微波可以让海水移位引起海啸。海底山崩时落下的沉淀物和岩石也会导致大规模海水的移动，引发海啸。

地震活动是最主要的原因。海洋中或者海滩附近，在地震的形成或减弱时都会发生海啸。在地震发生时，海底板块变形，造成海水移位。在地震减弱时，地壳板块之间相互滑动，造成大量的漩流，从而引发大量海水的置换和转移。

横扫美国的
卡特里娜飓风

小朋友，你了解台风吗？台风是一种产生于热带洋面上的强烈气旋，南半球的人们叫它"旋风"，在美国一带它的名字叫"飓风"！它给人们带来的损失可是不可估量哦！下面就让我们去认识一下它的威力吧！

卡特里娜飓风横扫美国

2005年以来，热带风暴不断，有14次达到了飓风的程度，它们冲击着沿海岸的各个国家，美国南部地区也因它受了重创。

2005年8月25日，卡特里娜飓风横扫美国佛罗里达州及墨西哥湾沿海地区。这是一个5级飓风，并不是我们平时见到的大风，它常常夹着暴雨。它像一个魔鬼一样冲刷着海滨城市的街道，只要是它经过的地方，都会变得一片狼藉。

道路被淹没了，电力中断了。美国新奥尔良市的防洪堤决口，市内大部分地区成为汪洋一片，几千人死在它的魔爪之下。上万名灾民聚在一起，躲在新奥尔良市的超级穹顶体育馆和新奥尔良市的会议中心。政府为了疏散这些难民，派用公共汽车才把他们送到了休斯敦临时收容所。

新奥尔良市所在的墨西哥湾地区是产油区，飓风造成了墨西哥湾附近三分之一以上油田被迫关闭，炼油厂和美国重要的原油出口设施也不得不暂时停工。

危难之中的人们也疯狂了，为了食品和水，不断出现抢掠者，有的人甚至劫持了警方装满救援物资的卡车！新奥尔良市警察局面临沉重的压力，这场大灾难给美国造成巨大经济损失。

全球变暖成就了飓风

科学家认为全球变暖加强了飓风的活动，而且也有先例证明了这个说法，全球热带气旋在过去的 30 年里，随着全球逐渐变暖而有明显增强的趋势。

20 世纪四五十年代，热带飓风的不规则性可以用自然波动来解释，但是 20 世纪 70 年代到 90 年代初，二氧化碳排放量的积累对大气造成了影响，飓风在形成数量和强度上有了明显变化。

另外，对于西太平洋的飓风来说，全球变暖所引起的那些气候变化和飓风活动是否有关系还尚不明确，因此说全球变暖对台风有影响这个结论还为时过早。

造成严重损失的直接原因

　　一向强大的美国因为一次飓风的入侵变得这样脆弱，不得不让人深思！美国不是第一次遭遇飓风的袭击，那为什么这次造成了如此严重的损失呢？

　　当然，卡特里娜的强度大是其中一个原因。它是一个5级飓风，美国历史上从1851年有记录以来只遭受过三次5级飓风的袭击，卡特里娜的最大风速在历史上排名第二。

飓风袭击这么多沿岸城市，为什么单单新奥尔良市损失惨重呢？这与它低洼的地理环境不无关系。新奥尔良市地处密西西比河与庞恰特雷湖之间，呈碗状下凹地形，平均海拔在海平面以下，平时只靠防洪堤、排洪渠和巨型水泵抽水抗洪。卡特里娜带来的巨浪加上洪水冲毁了防洪堤，导致了灾难的发生。

形成飓风有哪些条件？

飓风的形成条件一般情况下有三个：温暖的水域、潮湿的大气和海洋洋面上的风。

海洋洋面上的风能将潮湿的空气在温暖的水域中形成向内旋转的气旋。在多数风暴结构中，空气会变得越来越暖并且会越升越高，最后流向外界大气。如果在这些较高层次中的风比较轻，那么这种风暴结构就会维持并且发展。

最猛烈的天气现象发生在靠近飓风眼的周围大气中，称之为眼墙。在眼墙的高层，大多数空气向外流出，从而加剧大气的上升运动。

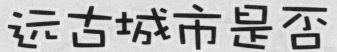

远古城市是否
被核弹灭了？

人类历史上有很多奇异的现象发生。1922年，印度考古学家在印度河下游发现了一个古城。这个古城大约存在于5000年以前，人们称其为"摩亨佐达罗"，在印度语中是"死亡谷地"的意思。难道这座古城与死亡有着某种神秘的联系吗？下面我们就一起去探访吧！

摩亨佐达罗是个怎样的城市？

从摩亨佐达罗城的遗址来看，当年这里应该是个极度繁荣的城市，占地大约有8平方千米，分为西面的上城和东面的下城。

上城居住着宗教祭司和首领，城内布置得十分豪华，有大厅，而且有著名的摩亨佐达罗大浴池。浴池由烧砖砌成，地表和墙面均以石膏填缝，再盖上沥青，这样就可以滴水不漏，由此也可以看出生活在这个古城的人民的高度智慧。下城比较简陋，布局不太规整，应该是劳动群众居住的地方。

　　整个城市已经具备了现代城市的规格，考古学家还在里面发掘出了大量精美的陶器、青铜像及各种印章、铜板等，最重要的是发现了大量有文字的遗物。可见他们已经有了自己的文字，而且具备了精密的计算方法。这说明这里的文明已经达到了较高水平。

摩亨佐达罗城发生了什么？

　　这座城市有着高度的文明，城市也建设得井井有条，但是人们发现它时，却从遗迹中发现了大量的人类骸骨，于是它就有了一个和死亡相关的名字——摩亨佐达罗城。

　　人们也把这个考古发现称为"死丘事件"。根据测定，这座古城应该存在于公元前2500年～公元前1500年之间。在古城发掘中，一具具人体骨架映入人们的眼中，他们并不是被安葬在墓穴中的。从摆放的姿势来看，他们是在正常的生活中突然死去的，有的人正在家里休息，有的人正在散步，有的人正在劳作。

看来这座城市被埋于地下的原因并不是因为当时人的迁移弃城，而是因为一场未知的灾难，而灾难是突然降临的，在它降临的同一时刻，全城的人全部死去。科学家们把这个"死丘事件"列为了世界三大未解自然灾难之一。

人们离奇死去的种种猜测

有些研究学者认为，应该是洪水摧毁了城市，因为在远古时代印度河改道、河水泛滥的记载有很多。但是很多人并不认同，如果是洪水的话，人大部分会被冲走，不可能保留下来，而且从尸骨和城中遗迹来看也没有任何洪水侵袭的痕迹。

也有人说是因为外族人的大规模进攻，这种说法也没有站住脚，从尸体的形状看，它们是在平静中突然死去的，并没有任何被杀戮的迹象。如果真的是外族，那入侵的外族又是谁呢？如果是史料中的雅利安人，那他们出现的时候，这座城已经湮没几个世纪了。

有人认为这座城发生过一次迅速而严重的传染病，造成了全城居民的死亡。但是无论是怎样严重的传染病也不可能让全城的人几乎在同一天同一时刻死亡。所以这种说法也迅速被否定了。

"死丘事件"的真凶是谁？

在众多的说法中，人们并没有找到一个确切的答案。但是在对废墟的清理中，人们发现了一些奇特的现象。

城中发现了大量的被熔炼的黏土和矿物碎片。从碎片上可以看出废墟当时的熔炼温度高达1400℃～1500℃。这样的温度只有在冶炼场的熔炉里或持续多日的森林大火的火源才能达到，遗迹中大量存在的烧熔黏土和矿物碎片是绝不可能在少数的锻造炉中形成的。

科学家们并没有在城中发现森林，所以如果当时城中起了一场大火的话，那极有可能是一次大爆炸引起的。科学家还发现了不少爆炸的痕迹，而且还找到了一个爆炸中心，中心地区的建筑物全部夷为平地。

从破坏程度上来看，是由近及远，逐渐减弱的，所以边远的建筑物才会完整地保存了下来。这和广岛原子弹爆炸后的景象十分相似。

大家也从古印度诗《摩诃婆罗多》中找到了对摩亨佐达罗城发生爆炸的描述，于是大家断定，这个事件的真凶就是一种类似于核爆炸的大爆炸！

核爆炸？怎么可能！

人类历史上出现的第一颗原子弹是在第二次世界大战的末期，远古时代的人们为什么就有了原子弹呢？但印度叙事诗《摩诃波罗多》中对战争的描述，又的确很像原子弹爆炸时的情景。

如果人们确信印度叙事诗中的情景不可能是原子

弹，那么是什么呢？有人认为是外星人所为，但是这种说法缺少证据。

也有人认为是宇宙射线和电场作用下形成的一种微粒，当微粒大量聚集在一起，就会产生大量有毒物质，继而发生大爆炸，爆炸的温度足以将石头熔化。

但是这种说法听起来比原子弹还要复杂，原古时代的人们怎么能操作这个武器，如果是自然现象的话，却没有什么科学依据，或者说我们现在的科学还不足以了解。

猜猜看

印度叙事诗中怎么描绘战争的？

印度的叙事诗中写道："不知道是一股什么力量一下子迸发出来，太阳在天空旋转，这个武器的热焰把大地燃烧起来。人们被火烧得疯狂地奔跑，好多兽类都死去了，敌人也一片片地倒下，满地都是尸体。一些马匹和战车都被点燃了，整个战场满是被火烧过的痕迹。就连海面上也是死一般沉寂，突然，起风了，大地迅速亮起来。"

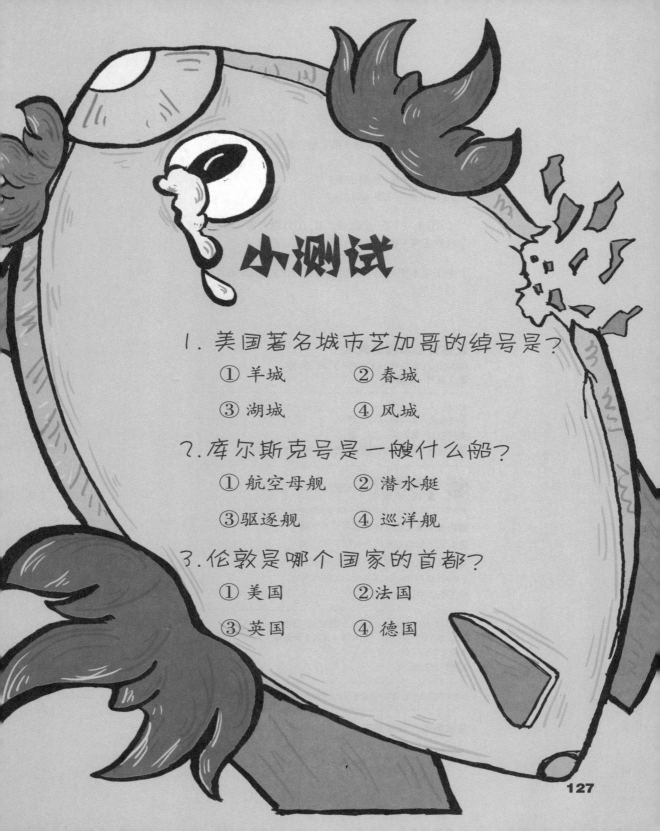

小测试

1. 美国著名城市芝加哥的绰号是？
   ① 羊城 　　② 春城
   ③ 湖城 　　④ 风城

2. 库尔斯克号是一艘什么船？
   ① 航空母舰 　② 潜水艇
   ③ 驱逐舰 　　④ 巡洋舰

3. 伦敦是哪个国家的首都？
   ① 美国 　　②法国
   ③ 英国 　　④ 德国

图书在版编目(CIP)数据

让你惊心动魄的灾难 / 纸上魔方编著. —重庆：重庆出版社, 2013.11
(知道不知道 / 马健主编)
ISBN 978-7-229-07125-7

Ⅰ.①让… Ⅱ.①纸… Ⅲ.①自然灾害—青年读物
②自然灾害—少年读物 Ⅳ.①X43-49

中国版本图书馆 CIP 数据核字(2013)第 255601 号

让你惊心动魄的灾难
RANGNI JINGXIN DONGPO DE ZAINAN
纸上魔方 编著

出 版 人：罗小卫
责任编辑：易 扬 刘 婷
责任校对：曾祥志 胡 琳
装帧设计：重庆出版集团艺术设计有限公司·陈永

重庆出版集团
重庆出版社 出版

重庆长江二路 205 号 邮政编码：400016 http://www.cqph.com

重庆出版集团艺术设计有限公司制版
重庆现代彩色书报印务有限公司印刷
重庆出版集团图书发行有限公司发行
E-MAIL:fxchu@cqph.com 邮购电话：023-68809452

全国新华书店经销

开本：787mm×980mm 1/16 印张：8 字数：98.56 千
2013 年 11 月第 1 版 2014 年 4 月第 1 次印刷
ISBN 978-7-229-07125-7
定价：29.80 元

如有印装质量问题，请向本集团图书发行有限公司调换：023-68706683

版权所有 侵权必究